图说
江南建筑

Architecture in Jiangnan: An Illustrated Guide

李华 编著

 中国建筑工业出版社
CHINA ARCHITECTURE & BUILDING PRESS

目录 CONTENTS

P04 **秦淮河**
风情万种，自古繁华

P08 **南京总统府**
中国近代史遗址博物馆

P12 **镇江金山**
风光旖旎的仙山禅境

P16 **拙政园**
中国私家园林经典之作

P20 **寒山寺**
闻名遐迩的吴中古刹

P24 **西湖**
湖光山色，天水人间

P28 **南浔古镇**
江南六大古镇之一

南京总统府

秦淮河

安徽省

江苏省

镇江金山

拙政园

寒山寺

上海市

浙江省

南浔古镇

西湖

秦淮河

风情万种，自古繁华

头衔

全国重点文物保护单位、国家 5A 级旅游景区

建筑年代

宋、明、清

建筑关键词

十里秦淮、古都园林、寺庙

秦淮河是长江的一条支流，古称龙藏浦，后称淮水，其中流经南京城内的一段秦淮河被称为"十里秦淮"。古老的秦淮河与南京城的诞生、发展以及南京地区的政治、经济、文化发展有着极其密切的关系，它是南京古老文明的摇篮，自古繁华昌盛，被称为"中国第一历史文化名河"。

远在石器时代，秦淮河流域内就有人类活动。东吴以来便一直是繁华的商业区，六朝时成为名门望族聚居之地，许多豪门世家都聚居于淮水两岸，车水马龙，繁华昌盛。宋代开始秦淮河流域成为江南地区的文化中心，商贾云集，文人会聚，儒学鼎盛。明清两代，尤其是明代，是"十里秦淮"的鼎盛时期。

南京最好吃的美食——秦淮八绝

一绝
魁光阁
五香茶叶蛋
雨花茶

二绝
永和园
黄桥烧饼
开洋干丝

三绝
奇芳阁
鸭油酥烧饼
麻油素干丝

四绝
六凤居
葱油饼
豆腐涝

五绝
奇芳阁
什锦菜包
鸡丝面

六绝
蒋有记
牛肉锅贴
牛肉汤

七绝
瞻园面馆
薄皮包饺
红汤爆鱼面

八绝
莲湖糕团店
五色糕团
桂花夹心元宵

5

包罗万象的秦淮河风光带

　　十里秦淮，自东吴以来便是一派热闹繁盛的景象。历代有许多达官贵人居住在这里。河畔两岸有大小集市100多处，现今依旧保留着古代的意蕴风味。悠久古朴的建筑鳞次栉比，雕梁画栋，亭台画舫，街巷热闹繁华，游人如织。站在这里，既能感受十里秦淮的沧桑巨变，也能感受到它在历史文化的大背景中遗存下的浓浓古意。

瞻园

　　瞻园是南京保存最为完好的一组明代古典园林建筑群，也是唯一开放的明代王府，与无锡寄畅园、苏州拙政园和留园并称为"江南四大名园"。瞻园内假山相拥，林木环抱，流水潺潺，奇石堆砌，更有秀雅建筑镶嵌其中，布局典雅大方，景色秀美绮丽，实为江南园林佳作。

夫子庙

　　夫子庙即孔庙，始建于宋代，位于秦淮河北岸的贡院街旁，为供奉祭祀孔子之地，是中国第一所国家最高学府，也是中国四大文庙。该建筑是中国古代文化枢纽之地、金陵历史人文荟萃之地，是南京城的代表性建筑，在每年的农历正月初一至十八，这里都会举行夫子庙灯会，场面非常热闹。

瞻园

明远楼 | 号舍

江南贡院

江南贡院是中国历史上规模最大、影响最广的科举考场。其鼎盛时期仅考试的号舍就拥有 20644 间，可接纳 2 万多名考生同时考试，加上附属建筑数百间，占地超过 30 万平方米。从江南贡院落成直至晚清废除科举制度，江南贡院为国家输送了 800 余名状元、10 万余名进士、上百万名举人，仅明清时期全国就有半数以上官员出自江南贡院，被誉为"中国古代官员的摇篮"，明清两代名人唐伯虎、郑板桥、施耐庵、陈独秀等皆出自于此。江南贡院现已成为中国科举博物馆，是中国唯一反映中国科举考试制度的专业性博物馆。

知识点 ⊗

明远楼是江南贡院的中心建筑，位于江南贡院建筑群的中轴线上，是一座斗拱飞檐正方形木结构建筑。此楼高三层，底层四面为门，楼上两层四面皆窗，站在楼上可以一览贡院，是考试期间监视考生和发布命令的地方。号舍在明远楼东部和西部，为士子考试食宿之所。

南京总统府

中国近代史遗址博物馆

头衔
全国重点文物保护单位、国家 4A 级旅游景区

建筑年代
明、清、民国

建筑关键词
总统府、民国、近代史博物馆

总统府位于南京长江路 292 号，它历史悠久，是中国近代建筑遗存中规模最大、保存最完整的建筑群。它也是中国近代历史的重要遗址，多次成为中国政治军事的中枢、重大事件的策划地，也见证了各种政权的更替与发展。

南京总统府建筑群占地面积约为 5 万余平方米，至今已有 600 多年的历史，既有中国古代传统的江南园林，也有近代西风东渐时期的建筑遗存。自明朝初年开始，这里便是归德侯府和汉王府。清朝时为江宁织造署、江南总督署、两江总督署，康熙、乾隆皇帝下江南时均以此为行宫。太平军占领南京时，洪秀全在此兴建了规模宏大的太平天国天朝宫殿。1912 年元旦，孙中山在此宣誓就职中华民国临时大总统。新中国成立之后，总统府一直作为机关办公场所，后随时代发展，南京总统府申请成为"全国文物保护单位"，机关人员撤出，这里也成为全国著名景点。

国父孙中山先生

孙中山，名文，字载之。他是中国近代伟大的政治家、革命家、思想家，是中国近代民族民主主义革命的开拓者，中国民主革命伟大先行者，也是中华民国和中国国民党的缔造者，三民主义的倡导者。他首举彻底反帝反封建的旗帜，推翻两千年封建帝制。

南京总统府会议厅

在总统府内不乏大型会议厅，这些会议厅庄重严肃，体现出那一代革命先行者对革命的热衷与奋斗。在这些会议厅中有许多革命者的足迹和言论，他们在这里商定革命的进程，这里因为沾有曾经革命的风采而历久弥新，熠熠生辉。

南京总统府小型会客室

除了大型的会议室，总统府内还设置了诸多小型会客室。他们简单小巧，却又五脏俱全，相对于大型会议室的郑重，这种小会议室更给人一种温和亲切的感觉，就像在自己家的客厅一样。孙中山先生在任临时大总统时期，经常在这种小型会客室里与一些革命者讨论政事。

气派壮观的总统府布局

总统府气派壮观，作为中国最大的近代史博物馆，景区内保存了诸多较为完整、风格迥异的近现代建筑遗存，有中式官衙建筑、中式园林建筑、西式建筑以及民国公共建筑等。

煦园

煦园为典型的江南园林，与总统府连为一体，至今还保留有诸多著名的遗址景点，如石舫、夕佳楼、忘飞阁、漪澜阁、印心石屋等。1912年1月，中华民国临时政府成立，孙中山的临时大总统办公室和起居室就安置在煦园内。

孙中山临时大总统办公室

20世纪初期，南京的一些建筑受西方折衷主义建筑思潮影响，都争相效仿西方建筑形式，并以此为荣。这幢黄色西洋式平房是典型的仿意大利文化复兴时期建筑，因位置在总督署的西面，故又称西花厅。孙中山就任中华民国临时大总统后的办公室就在这幢楼内。

总统府大堂

总统府大堂为中式建筑，抱厦五间面阔七间，硬山顶单层双檐，与二堂及穿堂相连，呈"工"形殿。1912年1月1日，孙中山就任中华民国临时大总统的就职典礼，就在大堂后的西暖阁举行。1929年国民政府部分改建时，将孙中山手书的"天下为公"匾额挂于大堂正中的横梁上。

总统府三条平行的线性轴，中、东、西支撑整个建筑的空间布局，三根轴线都是根据相应的地形、文化基础来建造的，各具不同的建筑特点、建筑风格，同时又有着共性。

镇江金山

风光旖旎的仙山禅境

头衔
国家 5A 级旅游景区

建筑年代
东晋、唐代、明、清

建筑关键词
公园、寺庙、佛塔、仙山

金山位于镇江市西北部，距市中心 3000 米。古代金山是屹立于长江中流的一个岛屿，被称为"江心一朵芙蓉"。金山又有"神话山"之称，山上每一个古迹都有迷人的神话、传说和故事。中国有名的古典神话故事《白蛇传》中"水漫金山寺"，就源出于此，民间流传甚广，为这座名山增添了十分迷人的色彩。

金山因有金山寺而闻名遐迩，寺宇金碧辉煌，鳞次栉比，无论近观远眺，总见寺而不见山，有"金山寺裹山"的说法。金山寺即江天禅寺，自古就是一座中外闻名的禅宗古刹，始建于东晋年代，距今已有 1500 多年。寺宇规模宏大，全盛时有和尚三千多人，僧侣数以万计。

历代诗人、书法家、名人雅士，如白居易、李白、张祜（hù）、孙鲂（fáng）、苏东坡、王安石、沈拓、范仲淹、赵孟頫（fǔ）、王阳明等登临观景，留下了许许多多珍贵的遗迹和脍炙人口的题咏。

镇江三怪——面香肉香在舌尖环绕，让人回味无穷

水晶肴肉

第一怪

　　肴（yáo）肉又名水晶肴肉、水晶肴蹄，迄今已有 300 多年的历史。肴蹄选用猪前蹄，烧煮后肉红皮白，光滑晶莹，卤冻透明，犹如水晶，具有香、酥、鲜、嫩四大特点。

镇江香醋

第二怪

　　香醋摆不坏。醋，是我国传统酸性调味品，古人给醋冠以"食总管"的美称。镇江醋具有鲜明的特点，酸而不涩，香而微甜，并且存放时间越长，口味越香醇。

锅盖面

第三怪

　　锅盖面，顾名思义在煮面的时候连同锅盖一起煮，这种煮面的方式有以下几个好处：一是生面条逐份投入，熟后不粘结，不散乱，规格准确；二是面汤滚沸时，易于清除浮沫，保持汤面不浑浊；三是面条易熟透，不生不烂。

"山水镶嵌"式公园布局

金山公园面积宏大轩敞，园内景色秀美，湖光山色，广袤的湖池内遍植荷花，湖岸两边遍植绿柳，柳荷相映，十分秀丽。四周还有悠久的名胜古迹镶嵌于秀美山色之中，自然和谐的氛围营造出一派自然、古典、清幽的意境。

金山寺

我国的寺庙布局，大多是在中轴线上前后排列着主体建筑。而金山寺的建筑则具有独特的风格，寺庙依山而造，殿宇厅堂，幢幢相衔，亭台楼阁，层层相接。从山麓到山顶，一层层殿阁，一座座楼台，将金山密密地包裹起来，构成一组丹辉碧映的古建筑群。

芙蓉楼

芙蓉楼为镇江历史上的名楼，始建于东晋，二层楼，高 17 米。该楼融古典园林建筑艺术之精华，独具匠心，富丽堂皇。

芙蓉楼

慈寿塔

慈寿塔又名金山塔，创建于1400余年前的齐梁，塔高30米，唐宋时期本有双塔，名为"荐慈塔""荐寿塔"。双塔后毁于火灾，倒塌后，明代重建一塔，取名慈寿塔。慈寿塔玲珑、秀丽、挺拔，矗立于金山之巅，和整个金山及金山寺配合得恰到好处，从视觉上看抬高了整个金山的高度。

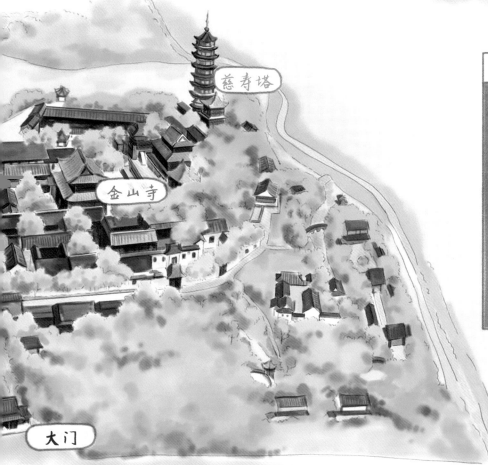

慈寿塔

金山寺

大门

知识点 ⊗

慈寿塔为砖石结构，坚实稳固，共有七级八面，内有旋式梯。每层四面有门，走廊相连，面面有景，风光各异，游人登临塔顶，凭栏远眺，秀美风光尽收眼底。

拙政园

中国私家园林经典之作

头衔

世界文化遗产、全国重点文物保护
单位、国家 4A 级旅游景区

建筑年代

明、清

建筑关键词

园林、亭台水榭、江南、花木相映

拙政园，位于苏州市姑苏区东北街 178 号，它是江南园林的代表，是苏州面积最大的古典山水园林，与北京颐和园、承德避暑山庄、苏州留园一起被誉为中国四大名园。

拙政园全园以水为中心，山水萦绕，厅榭精美，花木繁茂，具有浓郁的江南水乡特色。全园分为东、中、西三部分，东花园开阔，中花园是全园精华所在，西花园建筑精美。园南为住宅区，体现典型江南地区传统民居多进的格局。

中国古典园林特别善于利用具有浓厚民族风格的各种建筑物，如亭、台、楼、阁等，配合一些人为开凿的内池，堆造的假山、栽种的花树，用人工的方式仿照自然山水，或是以古代山水画为依据，加入一些文人中诗词的情调，构成许多如诗如画的园景。

江南古典园林的建筑要素

"源于自然而高于自然"是中国园林创作的基本思想，园林建筑正是情景交融的结合点。在古典园林中，建筑具有两重作用：使用作用和观赏作用。建筑不仅是休息场所，也是风景的观赏点。建筑常与山池、花木等组成园景，构成风景的主题。

厅堂

厅堂是园林主人进行会客、宴请、议事、礼仪、起居等活动的主要场所。

亭

亭柱间开敞，柱身下设半墙。主要用途是供人休息、避雨。

榭

榭是中国园林建筑中依水架起的观景平台，常为水阁，多为三面临水。

馆

园林中比较重要的建筑类型，在讲求明净的基础上又不过分开放。

舫

舫又称旱船，是一种船形建筑，建于水边或者花畔，借以成景。

阁

阁是一种架空的小楼房，四方、六角或八角形，一般两层。与楼近似，但更小巧。

廊

廊是园林的脉络，连接园中的建筑物。廊依势而建，富有变化，有增加空间层次的效果。

秀美绮丽的拙政园中园

拙政园的中园为全园之中精华所在，其内岛相望，池水清澈广阔，遍植荷花，周围林荫匝地，水岸藤萝纷披，两山溪谷细流，山岛上秀亭相和（hè），四季景色因时而异，但都秀雅非常。

远香堂

远香堂为四面厅，是拙政园中部的主体建筑。堂内装饰玻璃为落地长窗式，四面窗外景致均不同。堂北平台宽敞，池水旷浪清澈。堂名因荷而得，以荷香比喻人品清白、高尚。夏日池中荷叶田田，荷风扑面，清香远送，是赏荷的佳处。

小飞虹

小飞虹是苏州园林中极为少见的廊桥。朱红色桥栏倒映水中，水波粼粼，宛若飞虹，故以此得名。古人以虹喻桥，用意绝妙。小飞虹不仅是连接水面和陆地的通道，而且构成了以桥为中心的独特景致，因此成为拙政园的经典景观。

小飞虹

远香堂

荷风四面亭

香洲

香洲是拙政园中的标志性景观之一，为典型的"舫"式结构，有两层舱楼，船头是台、前舱是亭、中舱为轩、船尾是阁、阁上起楼，线条柔和起伏，比例大小得当。

香洲

见山楼

荷风四面亭

荷风四面亭坐落在园中小岛上，四面皆水，莲花亭亭净植，岸边柳枝婆娑。亭单檐六角，四面通透，若从高处俯瞰荷风四面亭，就像是满塘荷花怀抱着的一颗光灿灿的明珠。

见山楼

此楼三面环水，两侧傍山，底层被称作"藕香榭"，沿水的外廊设吴王靠（通常建于亭阁围槛的临水一侧，是一种靠背弯曲的条凳），休息时倚靠可以近观游鱼，中赏荷花，远望园内诸景如画一般地在眼前缓缓展开。上层为见山楼，此楼高敞，可将园中的美景尽收眼底。

寒山寺

闻名遐迩的吴中古刹

头衔

全国重点文物保护单位、国家 4A 级旅游景区

建筑年代

南朝、明、清

建筑关键词

古刹、钟楼、宝殿

寒山寺位于苏州城外 5 公里处的枫桥古镇上，距今已有 1400 多年的历史，原名"妙利普明塔院"。到唐代贞观年间，传说当时的名僧寒山和拾得曾由天台山来此住持，故改名寒山寺。后来唐代诗人张继途经寒山寺，泊舟于寺旁的枫桥，留下了一首脍炙人口的《枫桥夜泊》诗，自此寒山寺声名远扬。

寒山寺殿宇大多为清代建筑，主要有大雄宝殿、藏经楼、钟楼、碑廊、枫江楼、霜钟阁等。寒山寺山门前面的石拱圈古桥是江村桥，桥头与山门之间那垛黄墙称照壁。寒山寺寺院布局并不追求左右均衡，寺中处处皆院，错落相通，除了具有中国传统寺庙的基本格局特征之外，更是受到了古典园林艺术的影响，从而形成了自己具有鲜明地域特色的佛寺形象。

精致美丽的寒山寺建筑装饰

山墙

在寒山寺的大殿上装饰的人物浮雕，人物形象生动活泼，配合着云纹和荷花的装饰使山墙成了一个展示的空间，另一侧的山墙则是和合二仙——寒山和拾得两位僧人的浮雕装饰，突出了寒山寺的特色——和合文化，也将和合二仙作为寒山寺的标志性人物尤为突出。

照壁

寒山寺照壁的装饰却是雅而不俗，色彩温和不浓重，显得古朴典雅，庄重大方，采用的是黄墙乌脊灰砖座底，这充分体现了江南寺庙装饰的独特风格和超凡脱俗的宗教风格。

三狮戏球

三狮戏球是寒山寺墙面上的一种镂空雕刻图案，雕刻上的狮子就如同小猫一样在戏球，而周围以佛八宝、卷草叶等元素加以装饰而得到的狮子形象千姿百态，生动活泼，但仍然不失狮子的基本特征，格调清新，情趣盎然。在寒山寺中，狮子神态温顺、憨厚、活泼、稚气，给人以亲切感。

"姑苏城外寒山寺"的布局

　　静谧古朴的寒山寺位于历史悠久的姑苏城中，它是历史悠久的吴中名刹，是江南禅林的代表，而其中深刻的文化内涵、古迹、经典更是佛教历史文化中的不朽篇章。在过去一千多年的历史中，寒山寺也曾遭遇过战争、灾难的重创，但现今的它依旧保留着最原始的布局和结构，房屋建筑保留着原始的古韵风格，使人们能更加便利地感受到它深厚的历史气息。

枫桥

　　这座桥因唐代诗人张继的《枫桥夜泊》而名声大噪，千百年来凡是来苏州的游客，都要来此一睹它的风采。

山门夕照

　　山门朝西，是寒山寺的一大特点。据说西方是佛教的极乐世界，山门朝西是使诸佛面向运河诵经弘法，降妖驱邪，从而保证百姓行船通畅。

古碑长廊

　　寒山寺碑刻艺术天下闻名，碑廊陈列着历代名人岳飞、唐伯虎、董其昌、康有为等人的诗碑，其中晚清时期俞樾所书写的张继"枫桥夜泊"诗碑最为著名。

"枫桥夜泊"诗碑

古碑长廊

枫桥

山门夕照

普明塔

佛教传入中国的早期，寺院是按照印度的形制来建造的，以佛塔为中心，四周布置僧房。魏晋至隋唐，随着佛教不断与中国本土文化相融合，以塔为中心的寺院布局逐渐向中国宫殿官署式演变。塔的位置也逐渐外移，最终被移建到院外。

寒山寺初名"妙利普明塔院"，塔是一座佛寺的标志，寺以塔院冠名。所谓塔院，大多供奉祖师灵骨舍利，所以寒山寺的建立，最初是作为普明祖师的骨塔。

历史上普明塔曾经三遭毁坏。现在的普明塔是1996年重建的，它依照唐代木结构的楼阁式建筑复建，建筑呈正方形，共有五层。

普明塔

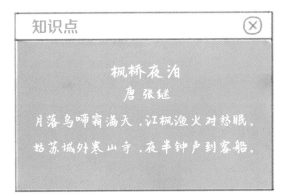

知识点 ⊗

枫桥夜泊
唐 张继

月落乌啼霜满天．江枫渔火对愁眠。
姑苏城外寒山寺．夜半钟声到客船。

"枫桥夜泊"诗碑

据记载，历代共书写过四块诗碑，前两块因屡经战乱，寒山寺多次被焚而不存。清末江苏巡抚陈夔(kui)龙重修寒山寺时，有感于沧桑变迁，古碑不存，便请俞樾书写了这第三块《枫桥夜泊》石碑。

西湖

湖光山色，天水人间

头衔

世界文化遗产，全国重点文物保护单位、国家 4A 级旅游景区

建筑年代

五代、宋、明、清

建筑关键词

湖泊、亭台、宝塔、河堤

西湖位于杭州西部，是闻名中外的旅游胜地，这里有着"人间天堂"般的秀丽风景和星罗棋布的名胜古迹，并凭借着上千年的历史积淀和大量杰出的人文景观而入选世界文化遗产。另外出现在第五套人民币壹元纸币背面的三潭印月景观，也体现了西湖在中国悠久历史文化中的重要地位。

西湖的南面、西面、北面三面环山，东邻城区，南部和钱塘江隔山相邻，湖中白堤、苏堤、杨公堤、赵公堤将湖面分割成若干水面，湖中有三岛，西湖群山以西湖为中心，由近及远可分为四个层次，海拔高度从 50 ～ 400 米依次抬升，形成"重重叠叠山"的地貌景观。

西湖有 100 多处公园景点，有"西湖十景"、"新西湖十景"和"三评西湖十景"之说，有 60 多处国家级、省级、市级重点文物保护单位和 20 多座博物馆，有断桥、雷峰塔、钱王祠、净慈寺、苏小小墓等景点。

西湖
醋
鱼

西湖醋鱼

西湖醋鱼通常选用草鱼作为原料，烧好后，浇上一层平滑油亮的糖醋，胸鳍竖起，鱼肉嫩美，带有蟹味，鲜嫩酸甜。

清人方恒泰有《西湖》诗云："小泊湖边五柳居，当筵举网得鲜鱼。味酸最爱银刀桧，河鲤河纺总不如。"这首诗说的就是今日杭帮菜的招牌之一的西湖醋鱼。

东坡肉

东坡肉，又名滚肉、东坡焖肉，是眉山和江南地区特色传统名菜。东坡肉在浙菜、川菜、鄂菜等菜系中都有，且各地做法也各有不同。

东坡肉的主料和造型大同小异，主料都是半肥半瘦的猪肉，成品红得透亮，色如玛瑙，夹起一块尝尝，软而不烂，肥而不腻。

东坡肉

龙
井
虾
仁

龙井虾仁

龙井虾仁因选用清明节前后的龙井茶配以虾仁制作而得名，是一道具有浓厚地方风味的杭州名菜。成菜后，虾仁白嫩、茶叶翠绿，色泽淡雅，清香味美。

最美不过西湖小瀛洲

小瀛洲是西湖中最大的岛屿，也是第五版人民币中壹元纸币背面三潭印月图案的实景所在之处，洲上风景秀丽、景色清幽，具有湖中有岛、岛中有湖、园中有园、曲回多变、步移景新的江南水上庭园的艺术特色。

"我心相印"亭

"我心相印"是佛教禅语，并不只是说情侣间两心相印的意思，它原来的意思是"不须言，彼此意会"，就是通常所说的"心心相印"之意。亭前有石栏，凭栏瞭望，湖中三石塔亭亭玉立在眼前，广阔的湖面与远近景色也历历在目。

开网亭

开网亭为始建于雍正五年（1727 年）的一座攒（zǎn）尖顶三柱三角亭，两面临水有栏，一面向桥面敞出。这就是其名"开网"由来，亦取自"网开一面"的典故，同时也点明了原先此地是放生地。亭子尖顶上有一座仙鹤雕像，玲珑别致，造型独特。

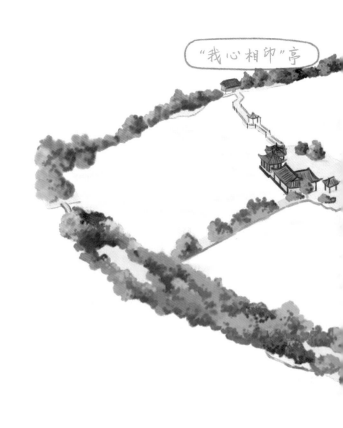

"我心相印"亭

九曲桥

这座桥有九转三十个弯，是全岛的中轴线。当我们在迂回多变的九曲桥上行走时，就会发现岛上和湖中的美妙景致仿佛成了立体的画、流动的诗，使你有步移景换、小中见大、千变万化、出奇制胜的感觉。

知识点 ⊗

所谓九曲桥，也就是蕴涵着弯曲最多、富贵吉祥的意思。"九"是数字中最大的单数，古有"九九归一"和"九五之尊"之说，均是对"九"这个充满吉祥、尊贵的吉数集中的概括。

三潭印月

相传，当年苏轼疏浚西湖后，为了显示西湖中湖泥淤积情况，苏轼命人在堤外湖水三个最深处立了三座瓶形石塔作为标记。而有趣的是塔腹中空，球面体上排列着五个等距离圆洞，若在月明之夜，洞口糊上薄纸，塔中点燃灯光，洞形印入湖面，呈现许多月亮，真月和假月其影确实难分，夜景十分迷人，故得名"三潭印月"。

南浔古镇

江南六大古镇之一

头衔

全国重点文物保护单位、国家 5A 级旅游景区

建筑年代

明、清、民国

建筑关键词

古镇、民居、江南

南浔古镇地处杭嘉湖平原北部、太湖之南，东与江苏苏州接壤，西距湖州市区 32 公里，是湖州市接轨上海浦东的东大门。南浔古镇已有三千年的历史，历来是江南闻名遐迩的"鱼米之乡""丝绸之府""文化之邦"更是江南地区的"水陆要冲之地"。

明万历至清中叶由于蚕丝业的兴起和商品经济的发展，使得南浔经济空前繁盛，清末民初已成为全国蚕丝商贸中心，民间有"湖州一个城，不及南浔半个镇"之说，南浔由此一跃成为江浙雄镇。

近代，以上海开埠为契机，南浔较早地受欧美文化的影响，丝商迅速崛起，涌现了刘镛、庞元济、张静江等一批重要历史人物。南浔古镇内拥有嘉业堂、藏书楼、小莲庄、南浔张氏旧宅建筑群、尊德堂 5 处全国重点文物保护单位。

南浔特色美食

浔蹄

浔蹄是南浔古镇著名的特色传奇菜，每逢重要场合或招待重要客人才会上这道菜。浔蹄的标准是酥而不烂，结实的蹄膀闪着亮油油的酱色，端上桌的蹄膀一旦煮到酥，其中的大骨是可以被轻松抽出的。

太湖蟹

太湖蟹个大体重，传统吃法有清蒸、水煮、面拖、酒醉、腌制等，取出蟹肉后，还可制成蟹肉狮子头、孔雀虾蟹、蟹油水晶球、炒蟹粉、蟹粉小笼包等名菜和名点。俗话说："蟹味上桌百味淡"。

烂糊鳝丝

烂糊鳝丝是浙江湖州的特色传统名菜。在南浔，这是一道味道鲜美的美味佳肴，相传在清乾隆年间，乾隆皇帝下江南路过南浔，听说了这道菜，请来名厨做好品尝之后，发觉味道鲜美，回味无穷，因此把烂糊鳝丝列为宫廷菜肴，这道菜因此成名。

"以水为脉"的古镇布局

南浔古镇以自然的水网构成的"十字港"为骨架，历史街区与传统的民居依水而建，以河道为脉络，以河川为水街。建筑大多为1～2层，色彩和装饰上多采用黑白灰三种具有江南水乡建筑特色的颜色。

知识点 ⊗

马头墙：

马头墙特指高于两山墙屋面的墙垣，也就是山墙的墙顶部分。因形状酷似马头，故称"马头墙"。可以满足村落房屋密集情况下防火防风的需要，在相邻民居发生火灾的情况下，起着隔断火源的作用。

百间楼

百间楼因两岸傍河建楼百间，又架长板石桥连接两岸故称为"百间楼"。傍河而筑的百间楼，有的充分利用空间筑骑楼；有的楼前披檐（正屋屋檐下搭建的附属建筑物），行人雨季可避雨，夏季可遮阳。百间楼的封火山墙，有三叠式马头墙，也有琵琶式山墙，高低错落，极富情趣。沿河石砌护岸整齐，且有河埠，既方便商家搬运货物和出行，又便于百姓汲水和洗涤。百间楼的建筑既保持明代建筑风格，又具有清代建筑遗韵，是具有典型江南水乡风味的民居楼群建筑。

广惠宫又称张王庙，是历史悠久的道教福地。张王即张士诚，元末农民起义领袖，曾占广惠为行宫，所以南浔人称之为张王庙。

张石铭旧居

这座宅邸是江南巨富张钧衡（字石铭）于清光绪二十五年所建，又名"懿德堂"。整个大宅由典型的江南传统建筑格局和法国文艺复兴时期的西欧建筑群组成，相互连通，巧妙结合，反映了主人在十九世纪末与西方经济、文化、艺术中的联系与沟通。

小莲庄

小莲庄是清朝光绪年间南浔首富刘镛（yōng）的私家园林、家庙及义庄所在，园林以荷花池为中心，依地形设山理水，形成内外两园。两园以粉墙相隔，又以漏窗相通，似隔非隔，山色湖光，相映成趣，步移景异，颇具匠心。

图书在版编目（CIP）数据

图说江南建筑／李洋等编．—北京：中国建筑工
业出版社，2020.7
ISBN 978-7-112-25674-7

Ⅰ．①图… Ⅱ．①李… Ⅲ．①建筑艺术－华东地区－
青少年读物 Ⅳ．① TU-862

中国版本图书馆 CIP 数据核字（2020）第 241401 号

责任编辑：蔡华民
责任校对：王　烨

绘图：高舒阳
文字撰写：李旭阳
艺术总监：向雅乐
策划：北京艺筑教育科技有限公司
图书编写委员会：李洋、李旭阳、向雅乐、高舒阳
出版资助："北京市高校、社会力量参与小学体育美育发展课题"

图说江南建筑
李洋　等编
＊
中国建筑工业出版社出版、发行（北京海淀三里河路 9 号）
各地新华书店、建筑书店经销
北京建筑工业印刷厂制版
北京富诚彩色印刷有限公司印刷
＊
开本：880 毫米×1230 毫米　1/16　印张：2　字数：42 千字
2020 年 12 月第一版　　2020 年 12 月第一次印刷
定价：30.00 元
ISBN 978-7-112-25674-7
　　　（35850）